BAGATELLE,

OU

DEUX JALOUX EN PARTIE FINE,

ANECDOTE HISTORIQUE

DE LA FIN DU XVIIIe SIÈCLE,

Par M. G.-A. Fleury,

AUTEUR

DU COUP-D'ŒIL D'UN PARISIEN

SUR ORLÉANS ET SES HABITANTS,

Chant Poétique,

Auquel S. A. R. le Duc d'Oléans a daigné souscrire.

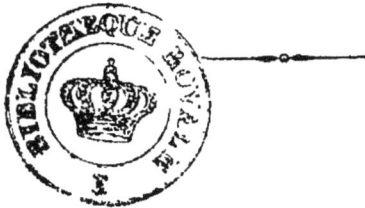

A Etampes, chez l'Auteur, rue Saint-Jacques, n° 115.
Toute demande par la poste doit être affranchie.

—

1841.

DE L'IMPRIMERIE DE JULES—JUTEAU ET Ce,
Rue Saint-Denis, 345. PARIS.

BAGATELLE,

ou

Deux Jaloux en partie fine.

ANECDOTE HISTORIQUE DU XVIIIe SIÈCLE.

NAPOLÉON, réduit à l'état de souffrance,
Dans un pénible exil, éloigné de la France,
Souvent en conférait avec ses compagnons
Et leur disait, un jour, en parlant des Bourbons :
« Quand je cherche chez eux, d'homme, une tête forte,
» Je crois la rencontrer, mais la femme la porte :
» Mieux eût valu, pour eux, qu'il ne la trouvât pas,
» Ne leur ayant servi que pour les mettre à bas ! »
S'il convient d'applaudir à cette noble idée,
Qui ne doit s'accepter que pour la branche aînée,
A mon tour je dirai, pour en suivre le sens,
Que si la branche est riche en hommes impuissants,
Elle en produisit un qui, dépourvu de tête,
Fit ses preuves de mâle, en plus d'une conquête ;
Et je viens le prouver par les détails suivants,
Que je donne au lecteur, comme faits bien constants
    Nul enfant n'existant pour succéder au père,
Au jour où Louis Quinze abandonna la terre
Louis, dit grand Dauphin, étant défunt aussi,
Le trône vint, de droit, au fils de celui-ci,

Bien qu'on avait douté que le duc de Bourgogne,
De faire un héritier, eût pu prendre besogne.
Mais telles sont nos lois, tout enfant reconnu
Succède, bien qu'il soit de moyenne vertu ;
Et quand brûlait encor la torche funéraire,
Éclairant du feu Roi la tombe mortuaire,
Près d'elle s'allumait, en présageant malheur,
Le flambeau de l'hymen du jeune successeur ;
Eh ! qui n'a dû gémir, dans ce jour prophétique,
De fêtes, devenu calamité publique,
Où l'on vit, par milliers, les membres fracassés
Des moribonds gisants sous les pieds renversés :
Les innocents époux, qui motivaient ces fêtes,
Ignoraient qu'en ce lieu viendraient tomber leurs

 Cependant Louis Seize, habile forgeron, [têtes.
N'ayant autre vigueur que celle du Bourbon,
Se plaisait beaucoup plus à battre sur l'enclume
Qu'à fouler mollement l'édredon et la plume,
Quand la belle Antoinette eût mieux aimé le voir
Abandonner sa forge et venir au boudoir ;
La dame était ardente, et tant d'indifférence
Devait blesser au cœur une Reine de France,
Qui faisait admirer ses séduisants appas,
Commandant qu'un mari ne la négligeât pas :
Aussi ne tarda-t-on à voir la jeune Reine
Prendre de sûrs moyens pour oublier sa peine.

 Si l'on trouve en ménage un doux et vrai bonheur,
C'est lorsque les époux, mûs par la même ardeur,
Rencontrent dans leurs goûts, entière sympathie,
Autrement il devient le fardeau de la vie ;
Où règne la discorde arrivent les soucis,
La ruine des grands et misère aux petits,

C'est ainsi qu'Antoinette , ayant flatté l'Autriche ,
De la France eût été l'ornement le plus riche ,
Si son goût prononcé pour l'amour des plaisirs
Eût trouvé, chez Louis, à calmer ses désirs ;
Mais quand ce faible Roi, tout à son industrie,
Signalait son adresse en la serrurerie,
La Reine se prêtait aux discours séduisants
Que venaient lui offrir les galants courtisans :
De là vint le fléau qui , désolant la France ,
Perdit Louis lui-même , avec sa descendance :
Et pourtant je ne veux énumérer ici
Les travers d'une cour devant être à l'oubli.

Parmi les favoris dont la flamme indiscrète
Venait charmer le cœur de l'ardente Antoinette,
Un frère de Louis, reconnu son cadet,
Jugeant sa belle-sœur en dénûment complet,
Voulut, en bon parent, accourir à son aide,
Offrant de lui porter un souverain remède ;
Ce frère, on le devine , était le seul puissant
Que les Bourbons aînés possédaient de leur sang :
Ainsi qu'il avait dit , la cure étant heureuse,
La malade parut n'être plus langoureuse,
Un embonpoint flatteur pour sa postérité ,
Vint promettre, à Louis, ample fécondité !
Et bientôt l'on vit naître, avec joie incomplète,
Ce rejeton-femelle estimé forte tête,
Garantissant qu'un jour, le fameux médecin,
Ne négligeant la Reine, on aurait un Dauphin.

Alors qu'on célébrait l'heureuse délivrance
Qui donnait, pour le trône, une douce espérance,
Le Prince opérateur, n'étant assez discret
Pour laisser ignorer son important secret,

Ses soins trop assidus près de la jeune Reine,
Aux yeux des courtisans le mettaient à la gêne ;
D'un naturel coquet, étant l'homme du jour,
Il enflammait les cœurs des dames de la cour,
Qui, laissant un champ libre à sa coquetterie,
Le faisaient passer maître en la galanterie,
Et tandis qu'à la Reine, il prouvait son ardeur,
Egalement utile à la dame d'honneur,
Si l'on veut écouter ce qu'en dit la chronique,
Il parut, pour chacune, un malin empirique :
Mais il connut, plus tard, qu'en donnant à penser,
Il s'était préparé verges pour le fesser.
 Mettant tout son savoir à procréer l'espèce,
Ce luxurieux Prince, en sa forte jeunesse,
Aux femmes sachant plaire, effrayant les maris,
Crut devoir s'isoler pour n'être pas surpris ;
Et forma le projet, fruit de sa faible tête,
D'avoir pour ses plaisirs une maison secrète.
Près de l'ancien couvent des dames de Longchamp,
Où nos parisiens venaient une fois l'an,
Dans le bois de Boulogne, à l'approche de Pâques,
Tels que des pélerins qui s'en vont à Saint-Jacques ;
Le Prince vint marquer le lieu propre à bâtir
L'asile clandestin qu'il voulait établir,
Puis il communiqua son projet à la Reine
Qui conçut le désir d'en recevoir l'étrenne,
Fixant même un délai pour mettre l'œuvre à fin,
Dans l'espoir d'y trouver le germe d'un Dauphin.
 Ce tout petit manoir, sur le bord de la Seine,
N'offre aucun appareil de la pompe mondaine,
Aussi peut-on douter qu'un Prince de la cour
Ait jamais eu dessein d'y faire un long séjour ;

Mais le voluptueux doit le juger propice
A venir satisfaire un moment de caprice,
Et pensant qu'il fût prêt pour le jour indiqué,
On devine comment il fut inauguré.
Les visiteurs Royaux, très contents de leur zèle,
Choisirent, pour le lieu, le nom de *Bagatelle*
Signalé par les mots de *parva sed apta*,
Que le latin fournit et qu'un sculpteur grava :
De là, probablement, vint l'étymologie
Du vulgaire dicton prêté, par courtoisie,
Aux amoureux ébats des sexes rapprochés,
Souvent plus vite éteints qu'ils se sont enflammés.

  Bagatelle prit part aux passions, aux haines,
Qui firent dévaster les plus riches domaines,
Dans ce temps orageux des révolutions,
Où la superbe France, en proie aux factions,
Cherchait à repousser l'odieux despotisme,
En trouvant à souffrir des faits du vandalisme;
Mais dès que l'anarchie eut cessé ses fureurs
Et qu'un régime sage eut fait tarir nos pleurs,
Justement réparé par mains pleines d'adresse,
Il devint rendez-vous de la belle jeunesse,
Heureuse d'y trouver le chemin du plaisir,
Que le Parisien sait goûter à loisir,
Aussi, ceux qui l'ont vu sous les lois de l'Empire
Ne pourront qu'approuver ce que je vais en dire.

  Si l'asile avait fait l'agrément d'un Bourbon,
Il en fut autrement du grand Napoléon,
Qui prenait un bivac pour un lieu de délice,
Ne pouvant pas songer à maison de caprice;
Aussi, tant qu'il régna, le public enchanté
Fut libre d'y venir jouir à volonté.

Un bâtiment modeste au milieu de l'enceinte,
Où la vertu, du vice, avait souffert atteinte,
En un chaud restaurant s'était vu transformer,
Pour épuiser la bourse et non le goût charmer,
Lorsque la qualité des mets offerts en vente,
A des prix excessifs, souvent trompait l'attente ;
Mais tout se consommait par les galants du jour,
Venus l'estomac vide et le cœur plein d'amour,
Car rien n'avait changé dans ce lieu des folies
Demeurant réservé pour de fines parties.
   Beau séjour de Paphos, gais vallons de Tempé,
Par qui, vous célébrant, la fable m'a trompé,
Vous n'êtes que chimère, et celui que je chante
Par sa réalité, mérite qu'on le vante !
Rien ne fut épargné, dans ce riant séjour,
Pour émouvoir les cœurs et stimuler l'amour ;
L'acacia joignant ses grappes odorantes
A celles de l'ébénier, ainsi qu'elles pendantes,
Sous leur voûte ombrageait les couples amoureux
Aimant à fréquenter ces bosquets tortueux.
Un courant d'eau factice, avec touchant murmure,
Venant représenter l'art imitant la nature,
Était alimenté par une pompe à feu
Placée au bord du fleuve où s'animait son jeu,
Faisant monter les eaux qui, tantôt jaillissantes,
Formaient une cascade en ondes bouillonnantes
Et venant s'épancher dans un joli canal,
Sur lequel on voyait, comme un combat naval,
Des élégants rameurs dirigeant leurs nacelles,
Pour se donner la chasse en amusant leurs belles ;
Enfin, quittant le lieu créé pour le plaisir,
Chacun se promettait d'y souvent revenir.

L'endroit reconnu propre à la fine partie,
Demandait qu'avec soin on en bannît l'orgie
Pour quoi l'entrepreneur, par un calcul adroit,
Assujettit l'entrée au payement d'un droit
Qui, bien que modéré, lui donnait l'assurance
D'avoir porte fermée aux hommes de licence;
Aussi l'on n'y voyait que des gens de bon ton,
Arrivant en bokey, calèche ou phaéton,
Pour savourer le chant de la douce fauvette,
Du charmant rossignol, et non d'une guinguette:
Là, les cœurs, à l'abri de tout dépit jaloux,
Se sentaient enivrés du charme le plus doux.

Ayant laissé l'armée aux confins de Pologne,
L'intéressant Vertheuil, traversant la Bourgogne
Qu'il avait habitée, étant en garnison,
Ne voulut la quitter sans revoir la maison
Où, non loin de Châlons, le bon et vieux Gernance,
Retiré du commerce, avait goûté l'aisance,
Mais en s'y présentant, voyant couler des pleurs,
Il crut cette maison l'asile des douleurs;
Le vieillard n'était plus, néanmoins la tristesse
N'empêcha pas qu'il fût comblé de politesse:
Vertheuil, sous-lieutenant d'un corps de cuirassiers,
Eût été mieux placé chez les carabiniers;
Joignant à sa stature un physique agréable,
Des formes, de l'esprit, il était adorable,
Aussi, durant le temps qu'il passa dans ces lieux,
Chacun rivalisa pour le fêter au mieux.

Deux filles seulement, de madame Gernance,
Composaient la famille, et, sans grande opulence,
Elle pouvait penser qu'en les établissant
Chacune trouverait un sort satisfaisant,

Vertheuil les retrouvait comme il les avait vues,
Dix ans auparavant, n'ayant alors leurs crues,
Remarquant en l'aînée, à l'âge de vingt ans,
Tout ce que dans le sexe on appelle agréments :
Un sourcil bien arqué, d'une teinte d'ébène,
Devait justifier son nom de belle Hélène,
Quand, sur un front d'albâtre, il ombrageait un œil
D'un bleu... fait pour qu'un cœur n'en sût franchir l'écueil ;
Sa bouche que fermaient deux lèvres demi-closes,
Défendait d'y toucher, peur d'en flétrir les roses,
Et dès qu'elle s'ouvrait, l'ivoire, au blanc poli,
Venait se rapprocher d'un souris accompli ;
Sa taille svelte et fine, en des formes, entée
Supportait une gorge artistement moulée ;
Enfin, Pygmalion, que la fable a vanté,
N'avait pu mieux agir, en sculptant Galathée.
    La Cadette était loin d'avoir les traits d'Hélène,
Mais n'ayant que quinze ans on augurait, sans peine,
Qu'en se développant elle aurait à son tour
Encore assez d'appas pour qu'on lui fît la cour ;
Clarisse était son nom et d'un gai caractère,
Elle était constamment l'idole de sa mère :
Hélène, un peu jalouse, en concevait dépit
Et se dédommageait en soignant son esprit,
Car si sa sœur plaisait par maintes espiègleries,
On pouvait admirer ses riches broderies,
Son penchant pour les arts, l'histoire et le dessin,
La présentant l'honneur du sexe féminin ;
Et le galant Vertheuil savourait avec aise,
Le charme séduisant de la belle Châlonaise.
    Le guerrier qui se plait chez les francs Bourguignons
Se voit toujours fêté parmi ceux de Châlons,

On en a vu la preuve aux jours où nos armées
Par les hordes du nord, s'y voyaient repoussées ;
Les femmes se pressaient auprès des vieux soldats,
Pour leur faire oublier les peines des combats,
Et s'ils prenaient séjour, les filles ou leur mère
Leur donnaient, à foison, du vin et bonne chère :
On peut juger par là comment le beau Vertheuil,
Connu depuis long-temps, dut recevoir accueil.
C'était dans la saison où la belle soirée
Engage à la passer sous la verte feuillée ;
La famille, au jardin, venait pour écouter
Ce que Vertheuil voulait noblement raconter
Sur les derniers hauts-faits de l'illustre campagne
Qui soumit et créa les trônes d'Allemagne ;
Ou bien une autre fois, de harpe ou piano,
Hélène avec Vertheuil faisaient un concerto :
Connaissant la musique, il maniait sa flûte
Sans que, du plus malin, il put craindre une lutte.
    Durant ces heureux jours qui venaient, de leurs feux,
Porter la flamme au cœur de nos deux amoureux,
Car on doit concevoir que trouvant tant de charmes
L'amour n'aurait voulu laisser dormir ses armes,
Vertheuil, considérant qu'il était attendu
Chez un père étonné qu'il n'y fût pas rendu,
Pensa ne pouvoir plus, sans blesser la décence,
Prolonger son séjour chez madame Gernance,
Lors il vint prendre d'elle un affligeant congé,
Tout en sentant son cœur à jamais engagé ;
Les deux amants s'étant, ainsi qu'en est l'usage,
Sans consulter parents, promis le mariage,
Et toute la famille, ayant larmes aux yeux,
Fit un tableau parlant de sensibles adieux.

En partant pour Paris, aux premiers jours d'automne,
Vertheuil, le cœur serré, paraissait monotone,
Ne se trouvant distrait par aucun voyageur,
Il restait tout en proie à sa morne douleur,
Le calme de la nuit, endormant la nature,
Paraissait dédaigner le bruit de la voiture,
Et tout à son Hélène, à cet objet chéri,
L'Amant se reprochait d'être trop tôt parti;
Repoussant ses adieux, qu'il répétait encore,
Il voit enfin venir la consolante aurore,
Lui laissant entrevoir qu'un jour elle viendrait
Apporter, en son cœur, le terme du regret.
Ayant traversé Beaune au milieu des ténèbres,
Le vignoble de Nuits et ses voisins célèbres
Par leurs vins recherchés, ce ne fut qu'à Dijon
Que Vertheuil isolé put trouver compagnon;
Ce fut un Franc–Comtois, sorti de Vinographe,
Qui n'étant plus lettré que fameux géographe,
Tout en causant voyage, avec teint bien nourri,
Plaçait Marseille au nord ou Verdun au midi,
Mais le malin Vertheuil, cessant ses rêveries,
Mit son convive en train par des plaisanteries.
　　Le déjeûner fini, croyant pouvoir partir
Trois nouveaux voyageurs s'empressaient d'accourir,
Vertheuil en les voyant chassa toute humeur sombre,
Heureux de rencontrer deux dames en ce nombre;
Le sexe est un aimant pour le Parisien
Plus souple que le fer quand la beauté le tient!
Ces dames paraissant également aimables,
N'avaient pour l'Officier que des mots agréables,
Auxquels il répondait avec ce ton galant
Qui, venant d'un bel homme, est toujours séduisant:

L'une Parisienne arrivait des vendanges
Qui venaient de se faire au canton de Coulanges,
Et depuis quelques jours se trouvait à Dijon,
Chez l'un de ses parents, honnête vigneron.
Venant la reconduire, ainsi que l'autre dame
Habitante d'Auxerre et nièce de sa femme.

Jugeant que le trajet pour atteindre Avalon,
Où l'on comptait dîner, deviendrait un peu long,
On convint d'arrêter à moitié de distance,
Afin d'y pouvoir prendre un peu de subsistance,
Désignant pour cela le relais de Viteaux,
Où l'on servit du vin et des petits gâteaux ;
Ce lieu, qui s'annonçait sous le titre d'auberge,
N'était tout simplement que l'asile où s'héberge,
Dans la belle saison , le Mâçon—Limousin
Venant, pour son hiver, accumuler son gain,
Car tandis qu'on mangeait, d'animaux domestiques
Plus ou moins efflanqués, et de poulets étiques,
On était obsédé : le poulet attrapait
Sur la table un gâteau que le chat lui volait,
Dès qu'il était à bas, tout en prenant la fuite
Pour éviter le chien étant à sa poursuite ;
Les Dames et Vertheuil riaient de ces fâcheux,
Mais le goulu Comtois en était furieux,
Mangeant ainsi qu'un ogre et buvant comme un chantre,
Il ne voulait jamais bouder contre son ventre.

Ce Comtois paraissant pouvoir être à son tour,
Animal plus fâcheux que ceux de basse-cour,
Étant homme à se faire enfoncer une côte,
En se prenant de mots avec l'hôtesse ou l'hôte,
Vertheuil paya les frais de la collation
Et de suite on partit pour gagner Avalon ;

Les Dames occupaient le fond de la voiture,
Où se trouvait aussi l'homme à riche stature,
Ayant auprès de lui celle de son pays,
Qui lui plaisait beaucoup par son ton et son ris :
Il sut qu'elle était veuve et qu'à la fleur de l'âge,
Après avoir passé quatre ans en mariage,
Regrettant son époux habile financier,
Elle ne songeait plus à se remarier,
Tout cela se disait avec tant de franchise
Que l'Officier doutait qu'il eût sa foi promise,
Et les chevaux trottant tandis que l'on causait,
Avalon se fit voir lorsque le jour baissait.

Madame Chantenais, l'aimable financière,
Reçut de l'Officier la main à la portière,
Pour entrer à l'auberge où chaque voyageur
Paraissait s'apprêter à dîner de bon cœur ;
Ce n'était plus Viteaux, les poulets sur la table
Arrivaient pour offrir leur fumet délectable :
Aussi, tel que le loup cherchant noise à l'agneau,
Le Comtois n'oubliant le larcin du gâteau,
Accusait ces poulets, en garnissant sa panse,
Tout en reconnaissant leur parfaite innocence,
Et tandis que Vertheuil donnait lieu d'applaudir
A la dextérité qu'il avait pour servir,
Chez les deux biberons, buvant à perdre haleine,
On voyait s'animer une assez vive scène.

Discutant sur les vins, leur mérite ou leur choix,
Le Comtois, peu gourmet, vantait celui d'Arbois,
Quand le bon vigneron disait que dans la France
La Côte-d'Or aurait toujours la préférence,
Mais le Comtois voyant repousser son avis,
Partit, tout en jurant, pour se rendre à Chablis.

Ces hommes du Jura, d'un bouillant caractère,
Dans la société ne peuvent que déplaire,
Sournois, bourrus, jaloux, souvent vindicatifs,
Ceux qui dépendent d'eux sont autant de captifs,
Et notre bon Vertheuil, désirant compagnie,
N'en pouvait rencontrer une plus mal choisie ;
Aussi de cette fuite aucun n'ayant regret,
On voulait rire encor quand le relais fut prêt.

    L'air frais qu'on ressentait sous la voûte azurée,
Étant de toute part d'étoiles parsemée,
Dans le cœur de Vertheuil animait des soupirs
Qui s'y trouvaient portés par d'heureux souvenirs ;
Le reflet de la lune, au sein de la voiture,
Aidant à voir le trouble empreint sur sa figure,
Madame Chantenais, connaisseuse en amour,
L'engageait à songer à son prochain retour,
Plutôt qu'à ce départ devenu nécessaire
Pour lui faire obtenir celle qui sut lui plaire,
Car elle connaissait, par ses récents aveux,
Ce qui causait sa peine et l'objet de ses feux.
Il la remerciait de sa tendre obligeance
Qui venait le tirer d'un état de souffrance,
Quand les dames voyant leur séparation
Arrivée au moment de l'exécution,
Se firent leurs adieux en entrant dans Auxerre,
Où celle de la ville apercevait son frère ;
L'oncle reconduisant madame Chantenais,
Embrassa ses neveux et l'on vint au relais.

    Étant venu plaider une cause assez grave,
Un malin Avocat accompagné d'un brave,
Désirant retourner, au plus vite, à Paris,
Monta pour remplacer les voyageurs partis ;

Ces deux nouveaux venus, causant avec aisance,
Firent de la voiture un salon de plaisance,
Les bons mots, la saillie, arrivant tour à tour,
Sans avoir sommeillé, l'on vit venir le jour :
L'un paraissait tenir le rang de Capitaine,
Par ses récits gâzés de plus d'une fredaine,
Aurait fait rire un mort, s'il eût pu l'émouver.
Tant il était adroit pour se faire écouter ;
Vertheuil et l'Avocat, heureux en facétie,
Venaient y ajouter l'aimable raillerie
A laquelle avait part madame Chantenais
Qui, n'étant pas bégueule, agrément y prenait,
Et le franc Bourguignon, ne sachant contredire,
Se tenait les deux flancs, et se pâmait de rire,
Ainsi on arrivait à l'auberge de Sens,
Après avoir compté huit heures de bon sang.
  Dès que l'on fut entré, passant par la cuisine,
On reçut le salut d'un Chef de bonne mine
Qui, bonnet sur l'oreille et tout prêt à tomber,
Ne savait s'il devait commencer à parler,
Quand le jeune Avocat, n'ayant la langue en poche,
Du Chef silencieux, à l'instant, se rapproche ;
Qu'avez-vous, lui dit-il, cher homme, à nous servir ?
Retirant son bonnet, pour encore réfléchir,
En attisant le feu dessous sa casserole,
Et paraissant enfin recouvrer la parole,
Il répond, j'ai des pou... pou... poulets... des poux laids !
L'ami, faut les tuer, donnez-nous des œufs frais :
Lors sa femme s'écrie : excusez mon pauvre homme,
Mes bons et chers Messieurs, vraiment je ne sais comme,
Au temps de sa naissance, on ne put lui couper
Ce malheureux filet qui le fait bégayer.

Elle avançait ces mots avec tant de vitesse
Que l'Avocat malin lui dit, avec finesse :
Tout prouve que chez vous, on fut bien plus soigneux,
Car votre langue annonce un mouvement heureux ;
Chacun vint déjeûner, riant de la saillie, ·
Et y goûter le vin de la Côte–Rôtie.

    Tout en humant les œufs, le Capitaine adroit,
A la société , racontait son bon droit,
Venant de le remettre en pleine jouissance
D'une succession d'assez haute importance
Qu'il aurait dû toucher, depuis plus de douze ans,
Quand la gloire et l'honneur le tenaient dans les camps.
Entré jeune au service, ayant été Vélite,
Il fut fait Officier d'un régiment d'élite
Et lorsqu'il s'acquérait le renom de héros,
D'un oncle décédé, ses vils collatéraux
Qui le croyaient perdu, vu sa trop longue absence,
S'appropriaient les biens sans craindre résistance ;
Mais la paix de Tilsitt donnant à nos guerriers
Toute facilité pour revoir leurs foyers,
L'aimable Capitaine , en revenant en France
Profitait chez Thémis de sa juste balance,
Et Vertheuil l'écoutant avec grand intérêt ,
Dans ce brave Officier vit son frère de lait.

    Celui qui se reporte à sa plus tendre enfance
Sentira la douceur de la reconnaissance
De ces deux Officiers , qui s'étaient négligés
Depuis qu'un même sein les avait allaités ;
N'ayant pu se connaître aux champs de la victoire
Et rapportant chez eux les lauriers de la gloire ,
Viennent se rapprocher aux portes de Paris,
Croyant se voir encore en leurs berceaux chéris !

Rien ne peut égaler leur plaisir et leur joie,
Non plus que les transports auxquels ils sont en proie :
L'intérêt est au comble en la société,
Qui se remet en route avec franche gaîté.
Si la réunion qui se voit trop nombreuse
Finit par devenir souvent tumultueuse,
La brillante soirée ou le cercle à la cour
Ne valent, selon moi, le comité du jour
Où huit ou dix amis qui veulent bien s'entendre
Goûtent ces plaisirs vrais qu'un sage sait comprendre
Aussi nos voyageurs, privés de tout repos,
S'estimaient cinq heureux malgré les soubresauts.

    Les braves Officiers parlant de leur jeune âge,
Complétaient l'agrément de cet heureux voyage ;
Sachant intéresser par un récit piquant,
Ils faisaient admirer leur esprit sémillant ;
Racontant avec art les succès de leurs armes,
Dont le touchant détail était rempli de charmes,
On passait les relais sans en fixer aucun,
Se trouvant tout surpris d'arriver à Melun,
Où le jeune Avocat se rapprochant des filles
S'informait en riant, si toujours les anguilles
Criaient auparavant qu'on ne les écorchât,
Car déjà sur la table on en voyait un plat
Qui se vit exploité de la bonne manière,
La matelote était faite à la marinière,
Et l'on reprit gaîment la route de Paris
Pour y venir chercher les plaisirs et les ris.

    Le soleil terminait sa course journalière
Lorsqu'après Charenton l'on passait la barrière,
Le faubourien de l'Est, ardent, industrieux,
De vastes ateliers faisait briller les feux ;

Quittant les Boulevarts dont les riches boutiques
S'attiraient, par l'éclat, des nombreuses pratiques,
On arrivait, enfin, pour se dire un bonsoir
Se promettant chacun de bientôt se revoir ;
Alors Vertheuil, serrant la main du Capitaine,
Qui suivait l'Avocat lui dit : frère, à huitaine.
Madame Chantenais, jugeant que le chemin
Qu'elle avait à tenir, vers le quartier d'Antin,
Cadrait avec celui que Vertheuil allait prendre
Pour gagner la maison où l'on devait l'attendre,
Crut devoir accepter de l'Officier galant
L'offre qu'il lui faisait, pour elle et son parent,
De vouloir occuper places en la voiture
Devant le transporter chez son père en droiture :
Et, la laissant chez elle, il se vit invité
A venir lui donner son temps de liberté.
  L'Officier retrouvant près de la Madeleine,
Le lieu de son berceau, n'y voyait qu'avec peine
Son bon père étendu sur un lit de repos,
Voulant atténuer, de sa goutte, les maux ;
Il lui tendit les bras, au sein de la souffrance,
Paraissant enchanté de sa noble prestance ;
Vertheuil en l'embrassant, se sentait tout ému,
Craignant de le presser comme il l'aurait voulu.
Ayant été Major dans le corps du Génie,
Ce bon monsieur Vertheuil encor tout plein de vie,
Se flattait que son fils s'acquérant un renom,
Illustrerait un jour sa famille et son nom ;
Agé de soixante ans, Vertheuil en ayant trente,
Il espérait jouir de cette heureuse attente :
Hélas ! il ignorait que ce fils engagé
Sous un autre étendard allait prendre congé

De celui qui faisait sa plus douce espérance,
Et qu'il avait au cœur un contrat d'alliance,
Tout prêt à recevoir son exécution,
Sans avoir eu de lui la moindre adhésion.
Nous laisserons causer Vertheuil et son vieux père,
Pour venir retrouver Hélène chez sa mère.

Le départ du bel homme avait mis la maison
De madame Gernance en pleine émotion,
La maman regrettait de se voir séparée
D'un époux qui l'avait bien tendrement aimée,
Se disant en secret, si mon ami vivait,
De voir ce couple uni, quel plaisir il aurait!
Car Hélène, en gardant un absolu silence,
Laisse voir en son cœur, malgré sa réticence,
Le germe d'un amour qu'elle veut me cacher,
Lorsque je suis bien loin de la désapprouver :
Clarisse se livrant aux jeux de son enfance,
N'ayant plus l'Officier rempli de complaisance,
Pour l'aider à poursuivre un léger papillon,
Trouvait aussi sa part du pénible abandon,
Et Vertheuil ayant dit en quittant son Hélène,
Ne devoir pas passer le délai de quinzaine,
Sans vouloir l'informer du chatouilleux accord
Qu'il avait à tenter auprès du vieux Major,
Ce délai bien doublé la mettant en alarmes,
Elle cherchait en vain à détourner ses larmes.

Monsieur Gernance était un fabricant de draps,
Qui ne dût son avoir qu'à son zèle et ses bras,
Se femme ayant été fileuse en sa fabrique,
Il l'avait appelée au comptoir de boutique,
Où son intelligence ainsi que son ton doux,
Ayant su le flatter, le rendit son époux,

Et bien qu'il était né dix-huit ans avant elle,
Du plus heureux ménage ils furent le modèle;
La maison de Châlons qu'il avait fait bâtir
Sur le bord de la Saône, invitait d'en jouir,
L'air sain, ses gais bosquets, son charmant point de vue
Appelant les regards en sa vaste étendue,
Éveillaient tous les cœurs qui, fussent-ils glacés,
N'auraient pu l'habiter sans en être exaltés.
C'est là qu'Hélène, en proie aux rigueurs de l'absence,
Venait composer l'air d'une tendre romance,
Après s'être placée en un berceau fleuri,
Pour cause, devenu un asile chéri;
S'accompagnant d'un luth à cordes résonnantes,
Faisant entendre ainsi ses plaintes affligeantes.

L'AMANTE DÉSOLÉE.

Tandis que tout sommeille,
Le murmure des eaux,
Dans mon âme réveille
La cause de mes maux;
Un mot de toi
Viendrait en moi
Alléger ma souffrance;
Alors que tu me sais en pleurs,
Devant partager mes douleurs,
Si d'autres tu n'as les faveurs,
D'où vient donc ton silence?

T'éloignant de la Saône,
Quand tu fuyais ces lieux,
Sur la route de Beaune
Je te suivais des yeux;

Vœux superflus,
Tu disparus
Pour aggraver mes peines ;
Amant chéri , charmant Vertheuil ,
Qui me quitta le cœur en deuil ,
Ne voudras-tu franchir le seuil
De l'asile d'Hélène ?

Un applaudissement qu'elle n'attendait pas,
La rendant toute émue , elle allait à grands pas,
Regagner la maison , quand , sortant d'une allée,
Une femme paraît, sous un manteau cachée,
Qui lui dit en riant , que fais-tu donc ici ,
Lorsque maman t'attend et ta Clarisse aussi ?
C'était la jeune espiègle après elle accourue
Qui venait d'applaudir en l'ayant entendue ;
Hélène en arrivant vit sa mère au salon,
Lui dire tendrement, tu n'as pas de raison
De chercher la fraîcheur d'une humide soirée,
Plutôt que de venir partager ma veillée.
Tandis que , de Vertheuil , Hélène se plaignait
De cet amant fidèle , une lettre arrivait,
Elle était adressée à Madame Gernance,
Et n'avait dans son texte aucune inconvenance ;
L'Officier s'accusait d'une timidité
Qui , selon lui l'avait , au départ, arrêté,
Entretenait la dame avec délicatesse,
De ce qu'il appelait l'objet de sa tendresse ,
Espérant que son père , en se rétablissant ,
N'y refuserait pas son tendre assentiment.
 - Le capitaine Hémard, pour Vertheuil un vrai frère,
Possédait , à son tour , l'estime de son père,

Et dans les entretiens qu'il avait avec lui,
Le bon fils, assuré de trouver un appui,
Profitait des moments qu'ils étaient en présence,
Pour venir discuter son projet d'alliance;
Le Major était bon, mais, tenant à son rang,
Il n'aurait pas voulu mésallier son sang,
Accoupler, selon lui, la navette et l'épée,
C'était manifester une âme déhontée :
En vain l'on objectait que l'ancien Fabricant
S'était acquis renom par son rare talent,
Et que, de sa maison, la fille recherchée,
Se montrait en tout point digne d'être adorée.
Il répliquait, mon fils peut se voir Général
Et devenir, par là, gendre d'un Maréchal.
Sa goutte se montrant toujours opiniâtre;
Craignant qu'il ne devînt d'humeur acariâtre,
Agissant de concert, Vertheuil avec Hémard
Disaient en se quittant, nous l'obtiendrons plus tard.
    Vertheuil ne regardant le refus de son père,
Que comme un pur effet de bonté tutélaire,
Aurait cru se manquer, aussi bien qu'à l'honneur,
En offensant celui qui voulait son bonheur,
Car n'étant pas un fils de la trempe ordinaire,
Il aurait tout perdu plutôt que lui déplaire;
Venant prendre conseils de l'avocat Sortais,
Il visitait aussi Madame Chantenais,
Il trouvait chez tous deux une aimable assistance
Faite pour l'engager à prendre patience :
Un père, disaient-ils, n'étant pas un tyran,
Éprouve un vrai plaisir dans celui d'un enfant,
Quand il aura connu celle qui vous est chère,
Vous le verrez bientôt prêt à vous satisfaire;

L'Officier plus tranquille accourait vers Hémard
Pour faire une partie à leur commun billard.

Après avoir reçu, dans l'aine, un coup de lance,
Qui l'avait retenu trois mois à l'ambulance,
Vertheuil étant porteur d'un permis de séjour,
Ne savait pas qu'un trait, décoché par l'amour,
En le blessant au cœur causerait sa défaite,
Et lui ferait chercher un congé de retraite,
Pourtant il se voyait dans la nécessité
D'abandonner Pallas pour une autre Beauté;
Lors prenant une marche avec le Capitaine,
Qui lui garantissait réussite certaine,
Ils dirent au Major, devenu moins souffrant,
Que s'il voulait le bien de son unique enfant,
C'était de consentir qu'il quittât le service,
Puisque de sa blessure il conservait un vice
Exigeant qu'il s'abstînt de monter à cheval,
A moins que pour lui-même il ne devînt brutal.

Satisfait de l'avis, qu'il trouvait raisonnable;
Le Major, dès l'instant, se montra plus traitable;
Il dit au Capitaine, en lui prenant la main :
Je veux, mon cher Hémard, que vous partiez demain
Pour vous rendre à Châlons auprès de cette belle,
A laquelle mon fils ne veut être infidèle;
Là, vous reconnaîtrez, d'après votre entretien,
Si je dois consentir à former ce lien,
Car je ne voudrais pas qu'une folle promesse
Pût amener mon fils à des jours de tristesse,
Et la tendre amitié qui vous lie à Vertheuil
Vous portera, sans doute, à lui barrer l'écueil;
Ainsi, c'est décidé, je vous offre ma chaise
Où, vous serez tous deux, logés fort à votre aise :

Les deux frères, heureux de cet amendement,
Songèrent au départ sans perdre un seul moment.
　　Dès le matin, Hémard, muni de son bagage,
Se trouvait chez Vertheuil pour se mettre en voyage,
Et prenant du Major dernière instruction,
Ils vinrent, dans la nuit, à destination :
Car le Parisien trouve toujours des aîles
Quand il veut aborder auprès de quelques belles ;
Cependant la décence, à l'heure qu'il était,
Leur défendant d'agir au gré de leur souhait,
Etant venu choisir une maison garnie -
Où, de les recevoir, on montrait grande envie,
Ils passèrent la nuit dans les bras du sommeil,
Sans avoir pu compter sur un touchant réveil.
Vertheuil avait paru plus d'un mois dans la ville,
Et devait bien penser que, par un œil habile,
Il serait reconnu ; Aussi dès qu'il fit jour,
Les bonnes, balayant, se disaient tour à tour :
Le bel homme est ici ! Bientôt l'effervescence,
Trouvant à pénétrer chez madame Gernance,
Vertheuil, encore au lit, demeura tout surpris
D'entendre, en s'éveillant, de Clarisse les ris.
　　L'espiègle, en l'abordant, feignant d'être fâchée,
Disait que sa maman paraissait étonnée
D'apprendre qu'il s'était rendu dans cet hôtel,
Plutôt que d'arriver sous son toit maternel,
Qu'enfin elle voulait que dans la matinée,
Il vînt tranquilliser sa chère bien-aimée:
La jeune enfant montrait tant d'ingénuité,
Que Vertheuil, le cœur tout transporté,
Lui dit : Mademoiselle, assurez votre mère
Que mon plus grand désir est de pouvoir lui plaire.

Hémard étant couché près du lit de Vertheuil,
Le vit bientôt venir encor la larme à l'œil,
Il n'avait rien perdu du discours de l'enfance,
Dont l'aimable intérêt garantissait d'avance,
Celui que l'on aurait au sein d'une maison
Qui s'annonçait si bien par son échantillon.

Un négligé galant, d'Hélène, assez coquette,
Pour recevoir Vertheuil composait la toilette,
Et, jugeant que l'Amant se faisait désirer,
Tandis qu'un Officier venait l'accompagner,
Elle sut finement se tenir éloignée,
Pour jouir de l'effet qu'aurait son arrivée;
Les frères, en entrant dans l'habitation,
Trouvèrent la maman seule sur le perron,
Venant recevoir d'eux les compliments d'usage,
En les introduisant pour causer du voyage,
Elle gronda Vertheuil de n'être pas venu
Descendre en la maison qui l'avait bien reçu;
Il répondit qu'étant avec le Capitaine,
Leur présence pourrait devenir une gêne,
Mais madame Gernance, en l'appelant enfant,
Lui dit : Rien avec vous ne peut être gênant.
Hémard ayant reçu, du Major, une lettre
Qu'avant tout il devait, à la dame, remettre,
Profita du moment pour la lui présenter;
Et bientôt on la vit, de l'ouvrir, se hâter.

Les Officiers pensifs, durant cette lecture,
Voyaient l'émotion peinte sur la figure
De madame Gernance, et dès qu'elle eut fini,
Elle dit à Vertheuil : Si je vois, mon ami,
Avec un doux plaisir, votre lien d'enfance;
Je dois plus admirer l'extrême complaisance

De votre frère Hémard qui, servant le Major,
Vient ici pour l'aider à fixer votre sort ;
Hé bien ! on la verra cette fille chérie,
Que je ne crains de dire en tout point accomplie.
Hémard ne perdant rien du vrai sens de ce mot,
Se tourna vers la dame, et lui dit aussitôt :
Je n'ai jamais douté du bon goût de mon frère,
C'est pour servir le fils que j'obéis au père ;
La maman s'excusant d'une trop grande ardeur,
Sonna pour appeler Hélène avec sa sœur.
    Zaïre avec Fatime, arrivant sur la scène,
Ne produit plus d'effet que ne le fit Hélène,
A côté de Clarisse, en entrant au salon ;
Les frères imitant Nérestan, Châtillon,
Quoiqu'étant convaincus de la beauté française
Qu'ils devaient rencontrer dans cette Châlonaise,
Ne pouvaient se lasser d'admirer son beau port,
Que des ajustements ennoblissaient encor.
Vertheuil s'en approchant, lui dit : Mademoiselle,
Aucune, près de vous, ne peut être aussi belle,
Et pour moi ce serait un sentiment bien doux
De me voir assuré d'être un jour votre époux ;
Hélène répliqua : J'ai l'aveu de ma mère,
Avez-vous obtenu celui de votre père ?
Sitôt montrant Hémard, Vertheuil répondit : Oui,
Cet Officier, mon frère, est envoyé par lui
Pour décider de tout, partageant ma tendresse,
Il ne peut que m'aider à tenir ma promesse.
Alors le Capitaine, ajoutant quelques mots,
Fit sourir la belle, avec un à propos,
Et l'on vint dans la salle où la table servie
Sut exciter l'amour et la galanterie.

On déjeûna gaîment , chacun se signala
Dans un sage entretien où l'esprit éclata ,
Car madame Gernance, ayant connu le monde ,
Avait ses agréments , sans être très profonde.
Le printemps commençant sa riante saison ,
Engagea la maman à montrer sa maison ,
Rien ne fut oublié, toute la compagnie
Visita le pressoir et la buanderie ;
Des arbustes hâtifs , déjà partait la fleur ,
Alors que du lilas on savourait l'odeur ,
Hélène , en un berceau, voulut faire une pause,
L'appelant son chéri, j'en citerai la cause :
Sur l'écorce d'un arbre un chiffre dessiné
S'annonçait par un V d'une H entrelacé,
Quand sur le dos d'un banc, de forme circulaire,
Une pensée offerte, en un gros caractère
Disait par abandon , *là le bel homme a ri,*
Et, sur son vis-à-vis, *il s'est assis ici ;*
Mais tandis que chacun observait en silence ,
Hémard prenant la main de madame Gernance,
Lui dit, d'un ton ému : rassurez votre enfant,
Elle aura pour époux son trop heureux amant.
  Hélène en écoutant les mots du Capitaine,
Témoignait à Vertheuil que sa plainte était vaine ,
Un serrement de main, pour lui bien expressif ,
Lui disait, aimons-nous et ne sois plus craintif ;
Parcourant les bosquets on vint sur la terrasse
Où le couple amoureux, naguère, avait pris place,
Sous une humble chaumière établie avec goût,
Et d'où l'œil étonné, se promenant partout,
Après avoir jugé sa bâtisse grotesque,
Jouissait des beautés d'un site pittoresque :

Enfin durant huit jours, où les deux Officiers
Reçurent à Châlons des soins hospitaliers,
Également fêtés parmi la bourgeoisie,
Ils disaient ne devoir mieux jouir en leur vie ;
Quand le jour du départ qu'on avait redouté,
Pour le bonheur commun étant nécessité,
Tout en donnant l'espoir de plaisirs plus sensibles,
Vint pour causer des pleurs qui furent bien pénibles.

    Les chevaux commandés pour l'heure de midi,
Firent que, déjeûnant sans un grand appétit,
On profita du temps où l'on se vit à table,
Pour adopter un plan reconnu convenable,
Alors on décida qu'aussitôt arrivé
Vertheuil s'occuperait de l'important congé
Qu'il devait obtenir auprès du ministère,
Afin de terminer promptement cette affaire ;
Hémard de son côté, devait voir le Major
Pour qu'il sût s'amender sur son prudent rapport,
Disant qu'il le pourrait aisément rendre souple,
En lui représentant l'agrément d'un tel couple
Qui, paraissant créé pour devoir s'assortir,
Porterait ses auteurs à s'en enorgueillir :
Les Dames, cependant, gardant l'incertitude,
Ne pouvant se soustraire à leur inquiétude,
Rendirent ce moment de séparation
Un véritable instant de désolation,
Et les deux voyageurs, venant se mettre en route,
Les engageaient encore à n'avoir aucun doute.

    La chaise allant grand train, dès qu'on ne la vit plus,
Hélène s'écria : les voilà disparus;
Tu fuis, amant chéri, pour qui je me désole,
Quand je devrais juger ta promesse frivole;

Que tu me fais de mal. A quoi bon ces clameurs,
Dit madame Gernance, et pourquoi tant de pleurs ?
N'as-tu pas entendu ce mot plein d'assurance,
Bien fait pour te laisser une douce espérance ?
Oui, répondit Hélène, après que je l'ai vu
L'autre jour en soirée étant tout éperdu,
Ainsi qu'un papillon, courir de l'une à l'autre,
Pour revenir, vers moi, faire le bon apôtre !
Encor ta jalousie, ajouta la maman,
Crois-tu donc qu'un époux ne peut être galant,
Un homme, quel qu'il soit, s'il veut paraître aimable,
Doit savoir se montrer, près du sexe, agréable :
Laissons suivre, à Châlons, ces futiles débats,
Pour chercher, à Paris, plus heureux résultats.

    Vertheuil, longtemps ému de l'affligeante scène,
Causait, tant en roulant, avec le Capitaine ;
Sur le dernier obstacle à craindre du Major,
Au sujet de l'avoir qui, n'étant aussi fort
Que le sien paraissait, porterait ce bon père
A vouloir éluder le succès de l'affaire.
Hémard lui répondait, vous en aurez assez
Pour vivre tous les deux sans être embarrassés ;
Hélène a tous les dons d'une femme étonnante,
En te montrant superbe, il faut qu'il y consente
Car, je te l'avouerai, sans notre heureux lien,
Je serais ton rival, quand elle n'aurait rien.
Lors, se serrant la main en signe d'allégresse,
Bientôt la gaîté vint remplacer la tristesse :
Ayant passé la nuit sans songer à dormir,
Phébus de l'horizon, étant prêt à sortir,
Ils se virent portés aux rives de la Seine
Et, deux heures plus tard, près de la Madeleine.

Le bruit que fit la chaise en roulant dans la cour,
Éveillant le Major chez qui ne faisait jour,
Survint pour le tirer d'un trop sinistre songe
Où l'esprit inquiet facilement se plonge ;
Il voyait dans un gouffre, Hémard prêt à tomber,
En retenant Vertheuil qu'il allait échapper,
Alors il s'accusait de trop de résistance
Pouvant perdre un enfant faute de complaisance,
Quand, y songeant encore, Vertheuil en arrivant
Vint verser, en son cœur, un baume consolant :
Après s'être embrassés on causa du voyage
Qui devait amener un prochain mariage ;
Le Major étonné par son rêve effrayant
Ne put entendre Hémard dans son récit touchant,
Sans former le désir de voir cette alliance
Arriver à sa fin, disant que son aisance,
Suffisant à son fils, les grâces qu'il trouvait
Surpassaient tout trésor qu'une autre apporterait.
Cette scène, à Paris, autant intéressante
Que celle de Châlons paraissait alarmante,
Signalait à la fois, un bon cœur paternel,
La candeur filiale et l'amour fraternel.
Ainsi qu'un prévenu, sûr de son innocence,
Redoutant de son juge une inique sentence,
Après s'être montré craintif et soucieux,
Sent échauffer son teint devenu radieux,
Par suite de l'arrêt de ce juge équitable,
Qui vient de l'acquitter d'un délit condamnable ;
Tel on voyait Vertheuil, cessant de s'alarmer,
Dès que son tendre père eut fini de parler,
Le presser sur son cœur en pleine jouissance,
Pour qu'il ne pût douter de sa reconnaissance ;

Puis agissant de même envers son frère Hémard,
Il se félicitait de ce que le hasard,
Les ayant rapprochés lui donnait l'avantage
D'être son obligé quant à son mariage.

Les frères enchantés de la décision
Qui venait resserrer leur étroite union,
Jugèrent que d'abord il fallait en écrire
A celles qui n'avaient voulu croire à leur dire,
Aussi, dès ce moment, par un ardent concours,
Les lettres et billets se croisaient tour à tour;
Cependant la demande en congé de retraite,
Que Vertheuil, au Ministre, avec soin avait faite,
Malgré l'état de paix dans lequel on était,
Souffrait plus de retards que l'on ne se doutait;
Ses rares qualités par ses chefs signalées,
Le présentant l'espoir et l'honneur des armées
Engageaient le Ministre à vouloir l'avancer,
Au lieu de consentir à le voir retraiter :
Ce fâcheux contre-temps, quoique bien honorable,
Pour le brave Officier, se montrait effroyable,
La gloire en l'émouvant, lui disait de servir,
Tandis que la beauté venait le retenir;
Eh bien ! se dit-il, Hélène est ma conquête,
Triomphant de son cœur, c'est là que je m'arrête.

Un bruit accrédité, donnant lieu de penser
Que l'aigle, vers l'Oder, demandait à voler,
Vertheuil appréhendant qu'il lui devînt sinistre,
Sachant que son bon père avait près du Ministre
Quelques amis puissants qui pouvaient le servir,
Le pria de l'aider à lui faire obtenir
Un sûr et prompt succès; bientôt la réussite
Du père, aux yeux du fils, obtient nouveau mérite :

Alors n'ayant plus rien à devoir redouter,
Désirant tous qu'Hémard puisse s'y présenter,
On fit pour cet Hymen entière diligence,
Afin que le Guerrier en s'éloignant de France,
Ait la conviction que ses soins assidus,
Pour unir deux amants n'ont été superflus,
Et le jour étant pris, on partit l'avant-veille,
Après avoir choisi l'élégante corbeille
Renfermant la parure et les riches bijoux,
Que la beauté devait recevoir de l'époux.

N'ayant que ce seul fils, le Major magnifique
Voulut pour son hymen mettre tout en pratique,
Jugeant que le local, quoiqu'assez espacé,
Deviendrait trop étroit pour le monde invité,
Un plancher, dans la cour, surmonté d'une tente,
En prenant par ses soins une forme éclatante,
Prolongeant le salon qui s'y vit accouplé,
Présenta pour le bal un palais enchanté;
Mais lorsque ces travaux s'opéraient à sa vue,
Voyant venir Hélène au salon descendue,
Il restait en extase auprès de sa beauté,
En goûtant son savoir et sa sagacité;
Alors, prenant à part le brave Capitaine,
Il disait : « Cher Hémard, plus j'étudie Hélène,
Plus je la trouve aimable, et plus je m'applaudis
De vous avoir choisi pour diriger mon fils;
Aussi je vous dirai que je vois avec peine
Arriver le moment où la guerre certaine
Va vous faire éloigner, tandis que je voudrais
Qu'un ami tel que vous ne nous quittât jamais : »
Les travaux prolongés plus loin que la veillée,
Ne furent mis à fin que dans la matinée.

Tout ce qui de Châlons composait les Notables,
S'unit pour embellir ces noces remarquables,
Magistrats, Officiers des premières maisons,
A côté d'un beau sexe, encombraient les salons,
Chacun, se distinguant dans sa belle parure,
Faisait triompher l'art autant que la nature,
Pourtant ce n'était rien auprès du couple heureux
Qui tardait de venir s'offrir à tous les yeux;
Midi retentissait quand Hélène, attendue,
Dans le cercle arriva pour éblouir la vue,
Vertheuil la conduisait, et, sous l'habit bourgeois,
Se montrait aussi beau qu'il parut autrefois,
Car la Discorde en vain aurait lancé sa pomme,
Offerte à la beauté de la femme ou de l'homme,
Vénus n'étant pas là pour la leur disputer,
Nul autre n'eût osé venir la ramasser.
On partit pour l'église, où la foule assemblée
De l'agrément du couple était émerveillée.

Ce jour fut consacré, comme le lendemain,
Aux plaisirs de la danse et d'un brillant festin,
Les salons, décorés avec magnificence,
Offraient à tous les sens entière jouissance,
Les glaces dans le fond, reflétant le jardin,
Présentaient l'assemblée en un nouvel Eden,
Tandis que l'oranger, en parfumant la tente,
Du prévoyant Major comblait l'heureuse attente;
Mais quand venait le soir, où de feux de couleurs,
A teinte variée, enflammaient tous les cœurs,
Par un même reflet, un vrai palais de Fée
Laissait à mesurer son immense portée :
Ces jours furent suivis de vingt autres charmants,
Où le couple se vit comblé de compliments;

Le matin, près des uns, la famille assemblée,
Se retrouvant plus tard chez d'autres en soirée,
Chacun félicitait le père et la maman
D'avoir donné le jour à ce couple étonnant.

Le Major, ne voulant que madame Gernance
Supportât, par ses faits, un surcroît de dépense,
Ordonna promptement les réparations
De tout ce qui montrait des dégradations,
Et la maison restant confiée en main sûre,
Après un déjeûner, la famille, en voiture
Vint ramener l'époux en son berceau natal,
Qui devait demeurer l'asile conjugal ;
Le bon fils désirant adoucir la vieillesse
D'un père qui,' pour lui, prodiguait sa largesse.
Les amis de Paris qui n'avaient pu venir
Aux fêtes dont Châlons gardait le souvenir,
Se virent appelés à d'autres non moins belles,
Procurant aux époux jouissances nouvelles.
Madame Chantenais et le jeune Avocat
Vinrent y faire entrée avec un grand éclat,
Devenant, dès l'instant, amis inséparables,
D'une maison goûtant leurs qualités aimables.

Alors qu'on se plaisait au sein de plaisirs vrais,
Dont les charmants époux faisaient seuls les frais,
La Russie affectant de paraître infidèle
A la foi des traités consentis avec elle,
Osant ouvrir ses ports, au lieu de les fermer
A l'Ennemi commun que l'on voulait dompter,
L'Aigle prêt à partir, la foudre dans ses serres,
Par son aile élancée annonçait aux deux frères
Que l'heure avait sonné pour que le brave Héniard,
Connaissant ses devoirs, préparât son départ.

Bientôt le plaisir fuit , la douleur prend sa place ,
Entourant le Guerrier, on le presse , on l'embrasse,
Il en paraît ému , quoique rempli d'ardeur,
Disant : mes bons amis, je vole au champ d'honneur ;
Pour trouver le bonheur, deux routes sont ouvertes,
Parcourons-les chacun comme elles sont offertes.
Je vous ai fourni l'une, arrêtez-y vos pas,
Mais la mienne est soumise au hasard des combats;
De loin comme de près je vous serai fidèle,
N'oubliez donc jamais mon amour et mon zèle :
Et soudain il échappe aux bras du bon Vertheuil
Qui montrait son regret, en le suivant de l'œil.

Ces adieux pleins de force, ainsi que d'éloquence,
Firent impression sur toute l'assistance ,
Le Major répétant les phrases du Guerrier,
Disait que pour la gloire il serait le premier ,
Que rencontrant un jour une héroïque chance,
Il verrait couronner son heureuse espérance ;
Hélas ! il ne songeait, non plus que l'Empereur ,
Que trouvant à lutter dans une nuit d'horreur,
Contre un âpre climat, la triomphante armée,
Ne pourrait éviter sa triste destinée :
La voyant arriver aux portes de Moscou ,
Robstopcheim , Gouverneur plus barbare que fou ,
Cherchant à la priver, pour l'hiver, d'un asile ,
Parut , la torche en main, incendiant la ville
Et , durant cette nuit, l'un sur l'autre pressés,
Hommes comme chevaux , furent asphyxiés :
Le brave Hémard, compris dans ces scènes cruelles,
Fut du nombre de ceux dont on n'eut plus nouvelles,
Cependant la famille, en goûtant son espoir,
Dans son avancement espérait le revoir.

Le Major, remarquant beaucoup de prévenance
Dans les soins complaisants de madame Gernance.
Se plaisait avec elle et même aurait voulu
Qu'à ne le plus quitter elle eût condescendu ;
Clarisse l'égayait par son enfantillage,
Lui trouvant plus d'esprit qu'on n'en montre à son âge,
Aussi le Colonel manquait-il de venir,
A ses jeux enfantins il désirait s'unir ;
Sans doute mes lecteurs, connaissant ma franchise,
Autant impatients que frappés de surprise,
Vont demander comment un ami du Major
Semble son affidé quand on l'ignore encor :
C'est mon tort, je l'avoue, et j'aurais dû me taire
Sur le compte d'un homme étranger dans l'affaire,
Mais m'étant avancé, dès que je l'ai cité,
Il me faut contenter la curiosité.

Ce colonel Durfort, servant l'artillerie
En Flandre s'était vu, marchant près du Génie,
Aux siéges de Condé, Bouchain et Landrecy,
Avec le bon Major qui s'y trouvait aussi ;
Ne parlant tous les deux que mine et que mitraille,
Le vieux Durfort disait, je crois être en bataille
Quand je pousse mes pions, en prisant mon tabac,
Si je joue aux échecs aussi bien qu'au trictrac ;
Là, je lance les dés ainsi qu'un boulet rouge,
Ou je fais un Roi mat pour que plus il ne bouge.
Vertheuil, en s'y trouvant, disait au Colonel :
Vous avez bien raison de reconnaître tel,
L'usage de jadis qui ne prête qu'à rire
A tous braves servant dans les rangs de l'Empire,
Car vous en conviendrez, la guerre de sept ans
N'était vraiment qu'un jeu pour les petits enfants ;

Durfort lui répliquait : la vôtre est boucherie,
Et jamais, de mon temps, un chef· de compagnie,
Sachant ce qu'un soldat lui coûtait dans le rang,
N'aurait souffert, ainsi, qu'il prodiguât son sang.
   Après avoir passé deux mois dans l'allégresse,
Hélène se jugeant en état de grossesse,
Voulut se retrancher pour soigner sa santé,
Afin de ne pas nuire à sa fécondité.
Les époux désiraient que madame Gernance
Ne voulût s'éloigner qu'après la délivrance,
Mais sa fortune étant confiée au soleil,
Voulait qu'elle partît pour apporter l'éveil
Dans sa vaste maison souffrant de son absence,
Et qui, pour la vendange, exigeait sa présence ;
Pourtant elle attendit que ce premier moment,
Venant à se calmer, ne fût plus alarmant,
Ce que l'on vit bientôt, car l'épouse charmante,
Ne fut dans cet état que plus intéressante.
Alors laissant Clarisse au gré de ses souhaits,
Profitant du départ d'un voisin Mâconais,
La maman s'éloigna, tendrement embrassée,
Promettant revenir vers la fin de l'année.
   Madame Chantenais possédant dans Auteuil
Une maison du goût de madame Vertheuil,
Cette dernière étant, comme autre femme enceinte,
De caprices nombreux passablement atteinte,
S'empressait d'y venir, dès que le bon Major
Se mettait en partie avec son cher Durfort ;
Vertheuil la conduisant aussi bien que Clarisse,
A l'aide d'un bokey convenable au caprice,
Y trouvait le moyen de dissiper l'ennui
Que trop d'isolement entretenait chez lui :

Ainsi coula le temps, précurseur de l'époque,
Où l'habile nature elle-même provoque
Ce développement de l'être qui, de rien,
Doit se faire admirer quand il arrive à bien ;
Et la maman, venant accomplir sa promesse,
Vit, près de son Hélène, enflammer sa tendresse,
Lorsqu'elle mit au jour un fort et beau garçon
S'annonçant de grand prix pour le sang bourguignon.

   Le Comte de Paris, fruit de l'illustre Hélène,
Venant combler les vœux d'une Cour incertaine,
Ne fit, à sa naissance, un plus touchant effet
Que ne parut celui que notre Hélène a fait.
Dans l'hôtel du Major, en amenant au monde
Un fils devant causer impression profonde ;
La famille enchantée, en pleine émotion,
Manifestant, des cœurs, la douce effusion,
Chacun la signalait par des pleurs d'allégresse,
Donnant au nouveau-né la plus tendre caresse :
Le Major désirant, qu'en devenant Parrain,
Son surnom préféré devînt aussi le sien,
L'enfant nommé Clovis fut conduit au baptême
Dès que la mère put s'y trouver elle-même ;
Car le luxe et l'éclat ne manquant d'y briller,
Exigeaient la santé, pour bien y figurer,

   Le bon fils, on a dit, est toujours un bon père,
J'en trouve chez Vertheuil, la preuve la plus claire,
Chérissant son enfant, venant à son berceau,
Il tient sa bien-aimée, ainsi qu'un tourtereau,
Lui faisant remarquer que les traits de l'enfance
Reproduisant les siens, en ont la ressemblance ;
Les cœurs se sont compris, on s'élance au boudoir
Pour se prouver qu'on est au comble de l'espoir :

Le père et la maman goûtant avec sagesse,
Du couple-conjugal l'intéressante ivresse,
Puissent-ils à jamais , disait le bon Major,
N'avoir plus à gémir des caprices du sort ;
Mais ce désir fut-il l'élan d'un esprit sage
Ou pronostic d'un coup caché sous le nuage ?
L'avenir le dira.... désirons donc aussi
Que ce temps radieux ne soit point obscurci.

Il n'est de vrai bonheur ni de grandes fortunes
Qui puissent s'affranchir de chances importunes,
Celui qui se suppose un heureux sans égal,
A l'instant qu'il jouit, doit craindre un coup fatal ;
Le Colonel Durfort en quittant sa partie,
Se vit, rentrant chez lui, frappé d'apoplexie,
Et le Major sensible à cet événement,
En ressentit lui-même un état alarmant ;
La goutte qui l'avait long-temps laissé tranquille,
Revenant affronter tout remède inutile,
Au sein de la famille et regardant son fils,
Il rendit sa belle âme en embrassant Clovis :
Ce coup inattendu désolant l'assistance,
Vint reporter au cœur de madame Gernance
Uu cruel souvenir qu'elle n'avait pas perdu,
Offrant, au lit de mort, un époux étendu,
Ressuscita le trouble au fond de ses entrailles,
Et l'obligeant à fuir, après les funérailles,
Emmenant sa Clarisse et disant qu'à l'écart,
Elle allait se calmer, pour revenir plus tard.

Vertheuil par ce décès, trouvant en jouissance,
Soixante mille francs pour annuelle aisance,
Muni de cet avoir , son père avait raison
De dire qu'il pourrait suffire à sa maison.

Aussi , durant le deuil , contents de leurs richesses ,
Les époux se montraient prodigues en largesses ,
Recevant peu d'amis et se plaisant chez eux ,
Rien ne contrariait leur bonheur et leurs feux ;
Mais dès qu'il fut permis de soigner sa toilette ,
Hélène revenant à ses goûts de coquette ,
Voulut revoir le monde afin que sa beauté
Fît encor triompher son ton de vanité ,
Et Vertheuil fastueux , ainsi que fut son père ,
Lui fournit tout moyen de bien se satisfaire.
Cependant ces époux , avides de plaisirs ,
Dans les fêtes lancés au gré de leurs désirs ,
Ne s'apercevaient pas que l'âpre jalousie
Venait empoisonner leur touchante harmonie ;
Car le bonheur se plaît dans un lieu concentré ,
Quand au sein du tumulte il est évaporé.
  Si l'on fut étonné de voir Hélène amante
Craindre d'être trompée dans sa flatteuse attente ,
Pour avoir vu Vertheuil , aux cercles de salons ,
Approcher de trop près les belles à Châlons ,
On le sera bien plus , en la trouvant jalouse
Dans le sein des plaisirs , étant heureuse épouse ;
Coquette prononcée , aimant , des élégants ,
Recevoir , tout le jour , les compliments galants ,
Elle voulait trouver son époux, infidèle ,
Alors qu'avec tout autre il se trouvait loin d'elle,
Ne pouvant le souffrir causant isolément ,
Lorsque chacun montrait près d'elle empressement :
Madame Chantenais , quoique sa dévouée ,
Dans son dépit jaloux n'était pas exceptée ;
Tout en ne disant rien , son extrême froideur
Démontrait bien que l'or n'est pas le vrai bonheur,

Vertheuil s'en alarmant, à l'instant se propose
De chercher le moyen d'en découvrir la cause.

Ce refroidissement, en devenant commun,
N'arrêtant les plaisirs, leur devint opportun,
Sans cesser de s'aimer, ni vouloir se déplaire,
Les fêtes fournissaient sujet pour se distraire ;
Là, prenant l'Avocat pour zélé confident,
Hélène lui peignait sa crainte et son tourment,
Montrant dans l'entretien un feu plein d'assurance
Qui chez Vertheuil, au loin, portait la défiance,
Aussi lorsque Sortais était son défenseur,
Il voulait le juger, indigne suborneur,
Et pour s'en assurer, usant d'un stratagème,
Il vint le mettre en œuvre en s'affligeant lui-même ;
Contrefaisant sa main il écrit un billet
Dans lequel l'Avocat, en s'expliquant tout net,
Indique un rendez-vous, au lieu de Bagatelle,
Pour venir oublier un époux infidèle ;
Puis se proposant bien de venir observer
Si sa femme, au jour dit, viendra s'y promener,
Il place ce billet, au sein de sa toilette,
Désirant qu'elle en eût connaissance parfaite.

Ayant lu le billet, la belle proféra :
« *Dès lors qu'il l'a voulu, lui-même y paraîtra.*
Ce cher ami *Sortais !* quand il prend sa défense,
Lui vouloir imputer tel excès de licence !
C'est une atrocité ! Mais il l'ignorera ;
Je confondrai Vertheuil, puis il en rougira. »
Alors, prenant un biais pour lui donner le change,
Et lui montrer les torts de sa conduite étrange,
Elle lui fit tenir un billet plein d'attraits,
Par lequel, à son tour, madame Chantenais,

En lui parlant du froid que montrait sa compagne,
L'engageait à venir la prendre à sa campagne,
Afin d'en visiter les jolis environs
Qui viendraient faire trève à ses émotions ;
Adoptant ce projet, Hélène était certaine
Que sa prévision ne deviendrait pas vaine ;
Aussi ne tarda-t-elle, attendant son époux,
A le voir arriver au lieu du rendez-vous.

   « Que viens-tu faire ici, dit-il avec malice,
Sans doute pour passer quelque nouveau caprice ?
— J'y viens, répondit-elle, espérant t'y trouver,
Car je me doutais bien devoir t'y rencontrer ;
Mais toi, qui questionne, est-ce à la défiance,
Ou bien au pur hasard, qu'on y doit ta présence ?
Va, va, mon cher Vertheuil, connais mieux tes amis,
Le bon cœur de ta femme, et bannis tes soucis. »
Alors on s'expliqua sur de folles méprises,
Et bientôt l'on cessa de se trouver aux prises.
Passant dans les bosquets, le ruisseau sourcilleux,
Emouvant les jaloux, en fit deux amoureux,
Qui, près de la cascade, en montant à l'ermitage,
En délaissant au bas la brouille du ménage,
Quoique bien moins moelleux qu'un sofa de boudoir,
Le lit du bon Ermite invitant à s'asseoir,
Le couple en s'embrassant, dans l'ombre du silence,
S'y plaça pour sceller le serment de constance.

   Si la brouille a des torts, elle a son agrément,
Par elle on sait le prix d'un raccommodement.
Les époux le sentant, dans leur âme éperdue,
Voyaient la vérité descendre toute nue,
Se tenant côte à côte ils ne savaient comment
Manifester leur joie et leur doux sentiment;

Vertheuil disait : Hélène , ô ma charmante amie !
Pour qui, dix mille fois, je donnerais ma vie ,
Qui t'a fait présumer mon infidélité ,
Quand tu connais l'effet de ta rare beauté ?
Hélène répondait : ton sourire est si tendre ,
Alors que près d'une autre , où j'ai peine à t'entendre,
Tu sembles l'enflammer, enviant son bonheur,
Je crains qu'elle parvienne à m'enlever ton cœur :
Ne connaissant au monde, homme qui te ressemble,
Mon plus ardent désir est de causer ensemble :
Ce touchant entretien se faisant en marchant,
Les époux, sans le voir, venaient au restaurant ;
Un lieu particulier, pour l'amour plein d'amorces ,
A l'instant fut offert pour y prendre des forces ;
Croyant sur ce sujet, en avoir assez dit,
Je laisse à deviner ce que le couple fit.
Désirant revenir, exempt de jalousie ,
Retrouver Bagatelle et la fine partie.

    Quand j'ai dit que la brouille avait son agrément,
J'étais sûr de pouvoir le prouver aisément ,
Nos époux se boudant, tout en donnant des fêtes,
N'eussent jamais, sans elle , amadoué leurs têtes.
En se raccommodant, convenant de leur tort,
Ils sont redevenus ce qu'ils furent d'abord ;
Hélène, tendre mère , ayant été coquette,
En son intérieur parut femme discrète ;
Vertheuil , en l'imitant , étant moins fastueux ,
Auprès de vrais amis se vit un homme heureux ;
Clovis en s'élevant , donnant toute espérance ,
Était idolâtré par madame Gernance
Qui, retrouvant en lui des traits de son époux,
Ramenaient sa pensée à des souvenirs doux :

Cependant un état de grossesse nouvelle,
Que ces époux nommaient le fruit de Bagatelle ,
Faisant naître une fille accomplissant leurs vœux ,
Vint embellir encor le charme de leurs nœuds ;
Et madame Gernance , établissant Clarisse ,
Voulant être auprès d'elle , et lui rester propice,
Dans sa belle vieillesse , après un très-long cours ,
Vit arriver en paix le terme de ses jours.

FIN DE BAGATELLE.

STROPHES FUNÉRAIRES,

*Chantées à Étampes, à la suite d'un Banquet qui eut lieu le 15 décembre 1840, jour de la Cérémonie faite à Paris pour l'Apothéose des Cendres de Napoléon; sur le ton de l'*Hymne a l'Être Suprême*, de* Chénier :

« *Père de l'Univers, suprême intelligence !* »

Pourquoi donc tous ces chars, en sillonnant nos routes,
Mènent-ils vers Paris nombre de curieux,
Quand le temple de Mars voit retentir les voûtes
    De chants plaintifs, harmonieux ?

Mais le canon qui tonne auprès d'heureux trophées
Nous dit qu'en la cité, pour n'en jamais sortir,
Du grand Napoléon les cendres révérées
    Des Français comblent le désir.

C'est au sein des guerriers, compagnons de ses armes,
Que l'ombre du Héros vient régner pour toujours,
Aussi, pour le garder, tout en versant des larmes,
    Chacun veut consacrer ses jours.

A vous, vieux vétérans, appartenait la gloire
De conserver chez vous les restes du Héros;
Si des chefs ont vendu les fruits de la victoire,
    Ce dépôt calmera vos maux.

Et vous , grands Potentats, redoutant son approche,
Auriez—vous triomphé s'il n'eût été trahi ?
Sur tous vos descendants rejaillit ce reproche ,
    Dont le monde vous a flétris !

Le tombeau du grand Homme, ennoblissant la France,
Sera par l'étranger sans cesse visité,
Quand son nom , plein de gloire, a déjà pris séance
    Au temple d'immortalité.

FIN DES STROPHES FUNÉRAIRES.

www.ingramcontent.com/pod-product-compliance
Lightning Source LLC
Chambersburg PA
CBHW071349200326
41520CB00013B/3163